Marcel Monnier

Tit. Professor am Physiologischen Institut der Universität Zürich
z. Z. Leiter des Laboratoriums für angewandte Neurophysiologie in Genf

Topographische Tafeln des Hirnstamms der Katze und des Affen für experimental-physiologische Untersuchungen

Mit 95 Abbildungen auf 14 Tafeln und 60 Schemata
zum Eintragen von experimentellen Befunden

A Short Atlas of the Brain Stem of the Cat and Rhesus Monkey for Experimental Research

With 95 Figures on 14 Plates and 60 Diagrams
for reporting the experimental Results

Atlas du tronc cérébral du chat et du singe à l'usage de la neurophysiologie expérimentale

Avec 95 figures sur 14 planches et 60 diagrammes
pour le report des résultats expérimentaux

Springer-Verlag Wien GmbH 1949

ISBN 978-3-662-40540-6 ISBN 978-3-662-41019-6 (eBook)
DOI 10.1007/978-3-662-41019-6

Ursprünglich erschienen bei Springer-Verlag in Vienna 1949

Vorwort.

Der Physiologe, der sich mit der Lokalisation der Hirnfunktionen befaßt, benötigt sachdienliche anatomische Tafeln zur Eintragung seiner symptomatischen Befunde. Aus solchen Bedürfnissen gingen die Atlanten von WINKLER und POTTER über die Anatomie des Kaninchengehirns (1911) und des Katzengehirns (1914) hervor. Es kam sogar vor, daß experimentelle Untersuchungen anatomische Nachforschungen sekundär induzierten. So folgte z. B. den primär experimentellen Arbeiten von INGRAM, RANSON, HANNETT, ZEISS und TERWILLIGER (1932) über die Funktionen des Tegmentums eine Veröffentlichung derselben Autoren über die Topographie der diencephalen Kerne der Katze [INGRAM, HANNETT und RANSON (1932)]. Ebenso empfand W. R. HESS anläßlich seiner experimentellen Untersuchungen über die Funktionen subkortikaler Hirnabschnitte die Notwendigkeit, die gereizten oder ausgeschalteten Stellen anatomisch genau zu lokalisieren. Zu diesem Zwecke ließ er drei Schnittserien (horizontal, frontal, sagittal) des normalen Katzengehirns herstellen und photographisch reproduzieren. Es entstand auf diese Weise eine Tafelsammlung (HESS 1932, 1937), welche für die Eintragung der experimentell abgetasteten Punkte der rostralen Anteile des Hirnstammes wertvolle Dienste leistet.

Die lokalisatorischen Forschungen von HESS und von RANSON hatten vor allem die rostralen Segmente des Hirnstammes (Diencephalon, Mesencephalon) als Hauptobjekt. Wir selbst befaßten uns mit den Funktionen der kaudaleren Segmente des Meso- und des Rhombencephalons, insbesondere mit denjenigen der Substantia reticularis (MONNIER 1938/39, 1941, 1943, 1944, 1946). Im Laufe dieser Untersuchungen machte sich ebenfalls ein Verlangen nach geeigneten anatomischen Tafeln geltend, zwecks Eintragung unserer symptomatischen Befunde. Da die Tafelserien von HESS nur für rostral vom Mesencephalon liegende Hirnsegmente ausgearbeitet sind, haben wir ergänzend eine neue Schnitt- und Tafelsammlung des Katzengehirns hergestellt, welche das Rhombencephalon (Pons und Medulla oblongata) besonders berücksichtigt (MONNIER 1943). Eine ähnliche wurde für das Affengehirn ausgearbeitet (MONNIER und SANDER 1947).

Durch die Veröffentlichung dieser handlichen Tafelserie hoffen wir den Neurophysiologen zu dienen, die sich mit den Funktionen der Hirnstamm-Strukturen befassen. Herrn Dr. G. SANDER, Frl. V. BUCHER und Frl. M. L. FLEISSIG möchten wir für Ihre Mitarbeit, sowie Herrn und Frau O. LANGE, ferner Herrn C. NOSSIAN unseren Dank aussprechen.

Genf, Frühling 1949.

M. MONNIER.

Foreword.

The physiologist or anatomist who studies cerebral functions and their localization needs a practical atlas with precise data on the nervous system of the animal used for the experiments. Out of such a need originated WINKLER and POTTER's atlases on the anatomy of the rabbit-brain (1911) and the cat-brain (1914). It happens that experimental research may induce anatomical research; thus, after the experimental work of INGRAM, RANSON, HANNETT, ZEISS and TERWILLIGER (1932) on the functions of the tegmentum, the same authors published a paper on the topography of the diencephalic nuclei of the cat (INGRAM, HANNETT and RANSON 1932). W. R. HESS, during his experimental work on the functions of subcortical structures, also felt the need of localizing exactly the stimulated and destroyed areas. He published, therefore, photographical reproductions of 3 series of sections,—horizontal, transverse and sagittal—of the cat-brain (HESS 1932, 1937).

The works of HESS and RANSON are chiefly concerned with the rostral parts of the brain-stem, diencephalon and mesencephalon. We have, on the other hand, worked especially on the caudal parts of the brain-stem (rhombencephalon) and particularly on the tegmental reticular formations, the importance of which we have underlined (MONNIER 1938/39, 1941, 1943, 1944, 1946). During our investigations on the rhombencephalon, we needed adequate anatomical plates of this area, for the recording of our results. We have therefore issued a new series of diagrams of the cat and rhesus monkey brain-stem, giving precise data on the structures of the rhombencephalon (pons, medulla oblongata) and of the upper segments of the medulla (MONNIER 1943; MONNIER and SANDER 1947).

By publishing this atlas, we hope to assist the neuro-anatomists and physiologists who study the functions of the brain-stem. I desire to thank Dr. G. SANDER, Misses V. BUCHER and M. L. FLEISSIG, Mr. and Mrs. O. LANGE, Mr. C. NOSSIAN for their help in preparing this atlas.

Geneva, spring 1949.

M. MONNIER.

Préface.

Les physiologistes qui étudient les localisations des fonctions cérébrales ne peuvent se passer de planches anatomiques donnant des indications précises sur les structures nerveuses de l'animal d'expérience utilisé. Cette nécessité a incité WINKLER et POTTER à publier leurs atlas sur l'anatomie du cerveau de lapin (1911) et du cerveau de chat (1914). Il est même arrivé que des recherches expérimentales induisent des recherches anatomiques. C'est ainsi que succéda aux travaux expérimentaux d'INGRAM, RANSON, HANNETT, ZEISS et TERWILLIGER (1932) sur les fonctions du tegmentum, une publication des mêmes auteurs sur la topographie des noyaux diencéphaliques du chat (INGRAM, HANNETT et RANSON 1932). W. R. HESS éprouva également, au cours de ses recherches expérimentales sur les fonctions des structures sous-corticales, la nécessité de localiser exactement les endroits excités ou détruits. Il fit reproduire photographiquement, à cette fin, 3 séries de coupes horizontales, frontales, sagittales du cerveau de chat et les présenta sous forme d'une collection de planches anatomiques (HESS 1932, 1937).

Les travaux de localisation de HESS et RANSON eurent principalement pour objet les segments rostraux du tronc cérébral: diencéphale et mésencéphale. Par contre, nous nous sommes intéressé plus particulièrement aux fonctions des segments caudaux du tronc cérébral, notamment à celles de l'appareil réticulé tegmental, dont nous avons montré l'importance (MONNIER 1938/39, 1941, 1943, 1944, 1947). Au cours de ces investigations, nous avons éprouvé la nécessité de disposer de planches anatomiques adéquates, pour y reporter les symptômes observés. Etant donné que les planches anatomiques de HESS (1932) ne se rapport.nt qu'aux segments rostraux du cerveau, à partir du mésencéphale, nous avons constitué une nouvelle collection de planches des cerveaux de chat et de singe, donnant également des indications précises sur les structures du rhombencéphale (pont et bulbe) et de la moelle cervicale (MONNIER 1943; MONNIER et SANDER 1947).

Nous espérons que cet atlas rendra service aux physiologistes et neuro-anatomistes qu'intéressent tout spécialement les fonctions du tronc cérébral. A tous ceux qui nous ont aidé dans la réalisation de cet atlas: Mr. G. SANDER, Mlles. V. BUCHER et M. L. FLEISSIG, Mr. et Me. O. LANGE, éditeurs, Mr. C. NOSSIAN nous exprimons notre vive gratitude.

Genève, printemps 1949.

M. MONNIER.

Inhaltsverzeichnis.

Contents.

Table des Matières.

Topographischer Atlas des Hirnstammes der Katze und des Affen.

A. Katze.

1. Schnittrichtung.

In der Hirnforschung werden je nach dem Ziel der Arbeit Frontalschnitte, Horizontalschnitte, Sagittalschnitte oder sogar schräge Schnitte angewendet. Ein kurzer Rückblick über die neurologischen Veröffentlichungen der letzten 20 Jahre zeigt jedoch deutlich, daß von den Embryologen (Herrick, Windle), Anatomen (Winkler und Potter, Tandler, Braun, Benninghoff, Ranson, Clara) und vergleichenden Anatomen (Papez, Kappers, Huber und Crosby) Frontalschnitte immer bevorzugt werden. Das Handbuch der Neurologie von Bumke und Foerster (1935) und die „Icones Neurologicae“ von Müller und Spatz (1926) reproduzieren ebenfalls vorwiegend Frontalschnitte des Gehirns. Spatz (1935) hat in Anlehnung an die Spielmeyersche Schule nicht nur den Vorteil der reinen Frontalschnitte hervorgehoben, sondern auch beschrieben, wie man diese technisch am besten herstellen kann. „Im Bereich der Mittelhirn-Zwischenhirn-Grenze erfährt die Achse des Neuralrohres eine fast rechtwinklige Abbiegung. Die Achse des Mittelhirns entspricht noch der Achse des tieferen Hirnstammes und des Rückenmarkes, der sog. Meynertschen Achse, welche beim aufrechtstehenden Menschen von ‚unten nach oben‘ zieht; dagegen verläuft die Achse des anschließenden Zwischenhirns (ebenso wie die des Endhirns), die Forelsche Achse von ‚hinten nach vorne‘. Zum Studium des Mittelhirns sind Schnitte zu bevorzugen, welche senkrecht zur Meynertschen Achse stehen.“

Wir haben uns bei der Herstellung unserer Tafelserien an diese Vorschrift gehalten, da beim Katzenhirn eine ähnliche, wenn auch weniger ausgesprochene Abbiegung der cerebro-spinalen Achse im Bereich des Mittelhirns vorhanden ist (Fig. 1).

Der reproduzierte Sagittalschnitt durch das Katzenhirn zeigt, daß bei diesem Tier die cerebro-spinale Achse im Bereich des Mesencephalons eine deutliche Knickung aufweist. Aus diesem Grunde kommen parallele Schnitte, welche im Bereiche des Rhombencephalons senkrecht zur Meynertschen Achse ausgeführt werden, weiter rostral schräg zu liegen. Umgekehrt erhalten parallele Schnitte, die mit dem Horsley-Clarkeschen Instrument auf Höhe des Rhinencephalons oder Diencephalons senkrecht zur Forelschen Achse angelegt werden, eine schräge Richtung im Bereich des Rhombencephalons.

Zur Herstellung reiner, senkrecht zur Meynertschen Achse stehender Querschnitte muß beim Katzenhirn die erste Schnittebene im oralen Anteil des Mittelhirns dorsal durch den Colliculus rostralis (Cs) und ventral durch den Nervus oculomotorius (III) ziehen (Schnitt 10, Fig. 1 und Tafel II, Katze). Parallel zu diesem ersten Schnitt muß im caudalen Anteil des Mittelhirns das Messer dorsal durch den Colliculus caudalis (Ci) und den Nucleus nervi trochlearis (IV) ventral, unmittelbar rostral von der Brücke (Po) angelegt werden (Schnitt 11, Fig. 1 und

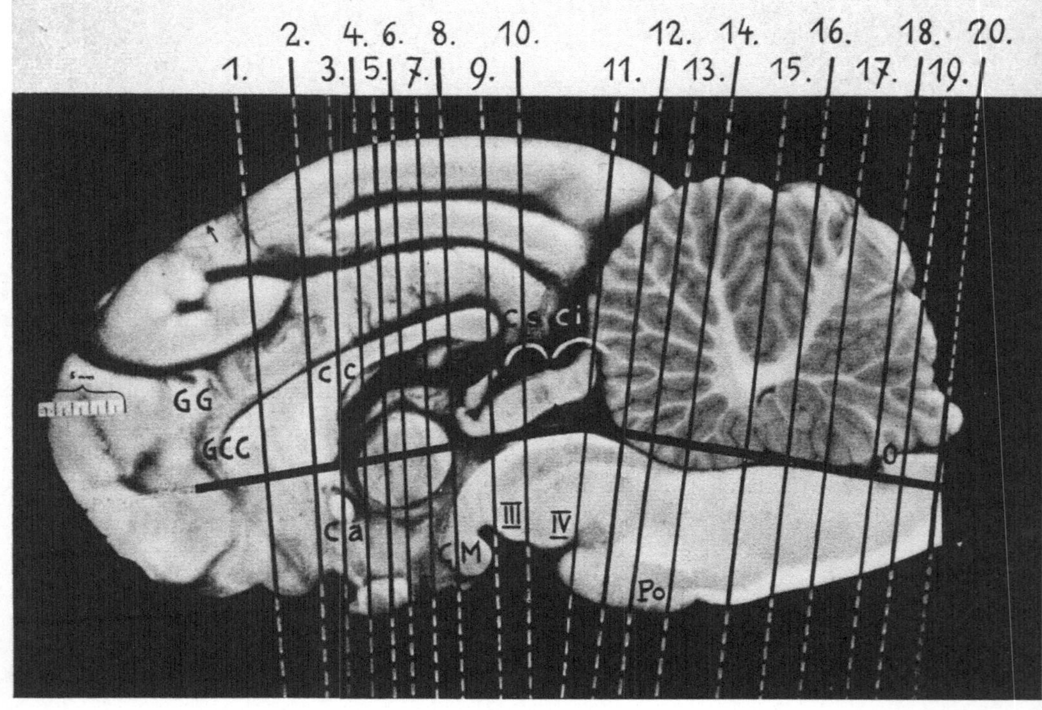

Fig. 1.
Sagittalschnitt durch das Katzengehirn. Senkrecht zur FORELschen Achse (1—10) und zur MEYNERTschen Achse (11—20) orientierte Frontalschnitte, welche in Tafel I—III, Ia—IIIa dargestellt sind.
Sagittal section through the cat-brain, showing the transverse sections reproduced in Plates I—III, Ia—IIIa (1-10 perpendicular to the axis of FOREL and 11-20 perpendicular to the axis of MEYNERT).
Coupe sagittale du cerveau de chat, montrant les plans des sections transversales reproduites sur les planches I—III, Ia—IIIa (1—10: coupes perpendiculaires à l'axe de FOREL; 11—20: coupes perpendiculaires à l'axe de MEYNERT).

Tafel II, Katze). Zeigt der Schnitt durch diese Gegend einen Teil des Brückenfußes, so beweist dies, daß er nicht ganz senkrecht auf die MEYNERTsche Achse, sondern etwas schräg angelegt wurde. Die meisten Atlanten reproduzieren solch schräge Schnitte statt reiner senkrechter Querschnitte.

2. Histologische Verarbeitung der Schnitte.

Das Gehirn wird parallel zu der ersten, durch das Mesencephalon geführten Schnittebene in Fragmente zerschnitten. Diese werden dann in Celloidin eingebettet und serienweise geschnitten. Die Dicke jedes einzelnen Schnittes darf 30—40 μ betragen. Jeder fünfte Schnitt wird dann für die Faserfärbung und jeder nächste für die Zellfärbung auf die Seite gelegt. Fasersysteme können mit Hämatoxylin, LOYEZ (1910) oder WEIL (1928), und die Zellstrukturen mit Toluidinblau nach NISSL oder mit Kresylviolett gefärbt werden.

3. Reproduktion der Schnitte.

Die anatomischen Schnitte werden nach Originalphotographien oder nach Zeichnungen reproduziert. Ersteres Verfahren ist naturgetreuer, erlaubt jedoch nicht bestimmte Strukturen auf demselben Schnitt zu superponieren oder zu schematisieren. Aus diesem Grunde hatte sich WINKLER entschlossen, Zeichnungen statt Photographien zu veröffentlichen. Es lag uns daran, eine Tafelsammlung herzustellen, bei welcher nicht nur Originalphotographien, sondern auch Zeichnungen abgebildet werden. Von den Originalschnitten haben wir nur die Faserfärbungen photographiert, daneben aber Zeichnungen hergestellt, welche gleichzeitig die Faser- und Zellsysteme darstellen. Wir projizierten zu diesem Zweck mit einem EDINGERschen Apparat das Bild des histologischen Schnittes in etwa 12facher Vergrößerung auf ein weißes Blatt. Zuerst wurden die Umrisse und Faserstrukturen gezeichnet und dann mit Details des unmittelbar darauf projizierten NISSLschen Präparates ergänzt. Wir erhielten durch dieses Verfahren halbschematische, aber dennoch genaue Tuschebilder, welche gleichzeitig die Faser- und Zellstrukturen darstellen. Die zirka 12 cm langen und 9 cm breiten Originalbilder wurden dann beschriftet und in dreifacher Verkleinerung photographiert. Geeignet sowohl für Laboratoriums-, als auch für Veröffentlichungszwecke ist die Verteilung der auf einer Seite befindlichen 6—9 Bilder in 2 Kolonnen geeignet. So besteht unser Atlas aus 2 × 3 handlichen Tafeln. Die Zusammenstellung möglichst vieler Schnittebenen nebeneinander ist für die Eintragung der Reizpunkte, Koagulationsherde und besonders der sekundären Degenerationen von praktischer Bedeutung. Als einzelne Bilder im Hinblick auf die Reproduktion haben wir immer typische Schnittstufen des Hirnstammes gewählt, die wichtige Kerngruppen, wie z. B. die Ursprungskerne der Cranialnerven, enthalten. Die praktische Verwendung unserer Tafeln ist so gedacht, daß z. B. Reizstellen, Ausschaltungsherde und sekundäre Degenerationen in die schwarzweiß ausgeführten Schnittreproduktionen farbig eingetragen werden, so daß sie sich von diesen deutlich abheben. Zu Eintragungszwecken werden Schemata bereitgehalten, bei welchen der Abdruck nur in sehr zarter Tönung ausgeführt ist.

4. Terminologie.

Damit eine Schnittafelserie für den Physiologen praktisch brauchbar ist, müssen die verschiedenen Fasersysteme und Zellgruppen durch adäquate Abkürzungen rasch identifiziert werden können. Bei der Beschriftung unserer Tafeln leisteten uns der Atlas von WINKLER und POTTER (1914), die Monographie von INGRAM, HANNETT und RANSON (1932) und das Buch von PAPEZ (1929) gute Dienste. Wir legen Wert darauf, eine möglichst vielen Kreisen verständliche Terminologie anzuwenden. Deshalb kommt nur die lateinische Benennung in Frage, wobei wir aber auch die moderne angelsächsische berücksichtigt haben. Die Bezeichnungen wurden nach den Nomina Anatomica des Jahres 1895 (B. N. A.), ergänzt durch diejenigen des Jahres 1935 (KOPSCH, 1941) alphabetisch geordnet.

Ein Auszug aus einer unserer früheren Arbeit über die Funktionen der Substantia reticularis pontis wird den Nutzen der nachstehenden Tafeln für physiologische Untersuchungen in Verbindung mit sekundären Degenerationen bestätigen.

B. Affe (Macacus rhesus).

Für experimentelle Untersuchungen am Hirnstamm des Affen (Macacus rhesus) steht uns bis heute nur eine kleine Tafelsammlung von ATLAS und INGRAM (1937) zur Verfügung, die Frontalschnitte wiedergibt, wie sie der Frontalebene der Elektrodenführung mit dem HORSLEY-CLARKEschen Apparat entsprechen. Die übrigen Veröffentlichungen über die Strukturen des Affengehirns beschränken sich entweder auf spezielle Gebiete des Hirnstammes, wie z. B. auf das Diencephalon, oder es handelt sich dabei um Atlanten, die nicht leicht zur Verfügung stehen: VOGT (1902, 1904), RETZIUS (1906), CLARK und HENDERSON (1920), GEIST (1930),

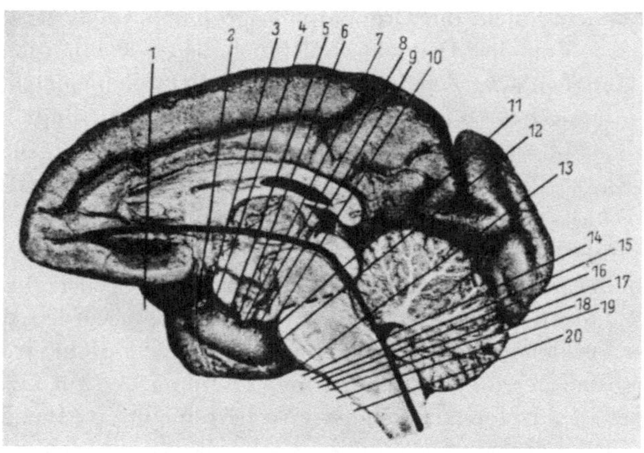

Fig. 2.

Sagittalschnitt durch das Affengehirn: Senkrecht zur FORELschen Achse (1—10) und zur MEYNERTschen Achse (11—20) orientierte Frontalschnitte Tafel I—III, Ia—IIIa.

Sagittal section through the monkey-brain, showing the transverse sections reproduced in Plates I—III, Ia—IIIa: 1–10 perpendicular to the axis of FOREL and 11–20 perpendicular to the axis of MEYNERT.

Coupe sagittale du cerveau de singe, montrant les plans des sections transversales reproduites sur les planches I—III et Ia—IIIa (1—10: Coupes perpendiculaires à l'axe de FOREL; 11—20: coupes perpendiculaires à l'axe de MEYNERT).

GRÜNTHAL (1931), METTLER (1933), ARONSON und PAPEZ (1934), CROUCH (1934), LE GROS CLARK und BOGGON (1935).

Auch für den Hirnstamm des Affen soll der Vorteil reiner Querschnitte betont werden. In der Grenzgegend zwischen Mesencephalon und Diencephalon ist die Achse des Hirnstammes bei den Primaten noch mehr als bei der Katze zu einem beinahe rechten Winkel abgebogen. Die Achse des Mittelhirns stimmt noch mit derjenigen des Rautenhirns und des Rückenmarks überein (MEYNERTsche Achse). Die Achse des Diencephalons (FORELsche Achse) verläuft hingegen wie diejenige des Großhirns beinahe wagerecht. Ein Sagittalschnitt durch das Gehirn (Fig. 2) zeigt, daß beim Affen die Knickung der cerebro-spinalen Achse hauptsächlich in der Gegend des Mesencephalons erfolgt.

Um typische, senkrecht zur cerebro-spinalen Achse gelegene Querschnitte des Affenhirns zu erhalten, muß wie bei der Katze der erste Schnitt dorsal durch das caudale Ende des Colliculus caudalis und ventral durch das rostrale Ende des Pons geführt werden. In den caudaleren Segmenten (Rhombencephalon) sollen die Schnitte parallel zum ersten Schnitt geführt werden, in den rostraleren Segmenten

(Mesencephalon) dagegen parallel zu einem dorsal durch den Colliculus rostralis und ventral durch den Nervus oculomotorius ziehenden Schnitt. Im Diencephalon müssen die Schnitte senkrecht zur FORELschen Achse erfolgen. Wenn nach dieser Methode verfahren wird, so erhält man wirkliche Querschnitte an Stelle der oft in Gehirnatlanten reproduzierten Schrägschnitte.

Das Gehirn des Macacus rhesus wird histologisch nach derselben Technik wie das Katzenhirn verarbeitet, in Celloidin eingebettet, in regelmäßigen Serien geschnitten und gefärbt.

Im Hinblick auf die Reproduktion haben wir dieselben typischen Schnittstufen gewählt, wie für den Atlas des Katzenhirns und diese in 4- bis 5maliger Vergrößerung photographieren lassen.

Entsprechend den Anforderungen für experimentelle Arbeit, Lehrbetrieb oder Veröffentlichungen wurden auch drei handliche Tafeln hergestellt, welche jede 6—8 Mikrophotographien enthält: I: Rhinencephalon und Diencephalon, II: Diencephalon und Mesencephalon, III: Rhombencephalon. Um die Reiz- oder Koagulationspunkte eintragen zu können, wurden aus den Photographien Schemata gezeichnet, auf welche die experimentell interessanten Stellen mit farbiger Tusche eingetragen werden können.

Die anatomischen Strukturen wurden mit abgekürzten Bezeichnungen versehen. Ihre Identifizierung wurde uns durch die früher erwähnten Arbeiten und die Atlanten des menschlichen Gehirns (VILLIGER-LUDWIG, RANSON, POLLAK, SPATZ, MARBURG, CLARA, RILEY) erleichtert. Die Terminologie ist alphabetisch nach den Nomina Anatomica 1895 (B. N. A.), welche 1935 (cf. KOPSCH 1941, CLARA 1942) ergänzt wurden, geordnet.

Topographical atlas of the brain-stem of the cat and rhesus monkey.

Whereas for experimental work on the brain-stem of the cat various atlases were published: WINKLER and POTTER (1914), PAPEZ (1929), HESS (1932, 1937), INGRAM, HANNETT and RANSON (1932), MONNIER (1943), there existed for the rhesus monkey, as far as we know, up till to-day only a short practical series of illustrations by ATLAS and INGRAM (1937), with sections in the frontal plane of the stereotaxic apparatus of HORSLEY-CLARKE.

The other publications showing the structures of the monkey-brain deal with special regions as for instance the diencephalon, or are extensive atlases not easily available: VOGT (1902, 1904), RETZIUS (1906), CLARK and HENDERSON (1920), GEIST (1930), GRÜNTHAL (1931), METTLER (1933), ARONSON and PAPEZ (1934), LE GROS CLARK and BOGGON (1935), CROUCH (1934). A convenient atlas containing transverse sections of the brain-stem of the rhesus monkey did not exist, and therefore MONNIER and SANDER (1947) decided to work one out, as has been done previously for the cat (MONNIER, Topographische Tafeln des Hirnstammes der Katze für experimental-physiologische Untersuchungen, 1943).

A short retrospective survey of the neurological publications of the last 20 years shows clearly that embryologists (HERRICK, WINDLE), anatomists (WINKLER and POTTER, TANDLER, BRUN, BENNINGHOFF, RANSON, CLARA), and comparative anatomists (Papez, Kappers, Huber and Crosby) generally use transverse sections of animal and human brains. The modern Handbook of Neurology by Bumke and Foerster (1935) and the "Icones Neurologicae" by Müller and Spatz (1926) chiefly contain transverse sections of the brain. Spatz (1935) following the school of Spielmeyer, accentuated the advantage of transverse sections, and described the best technique to prepare them.

In the region of the border of the mesencephalon and diencephalon the axis of the brain-stem, in cat and primates, is bent. The axis of the midbrain still coincides with that of the rhombencephalon and of the cord; it is the so-called axis of Meynert, which runs in man nearly vertically. On the other hand the axis of the diencephalon, called axis of Forel, runs nearly horizontally, as in the forebrain. A sagittal section through the cat-brain (Fig. 1) and monkey-brain (Fig. 2) shows that in these animals the cerebro-spinal axis is bent in the region of the mesencephalon.

For this reason frontal sections that are performed in the rhombencephalon parallel to those in the diencephalon are no longer perpendicular to the axis, but oblique. For the same reason frontal sections performed in the rhinencephalon or diencephalon with the apparatus of Horsley-Clarke become oblique in the mesencephalon and rhombencephalon.

To obtain representative cross-sections perpendicular to the axis of Meynert in the cat and monkey-brain, the first section should be made according to Spatz (1935) through the caudal border of the colliculus inferior (Ci) dorsally and through the rostral border of the pons ventrally (Fig. 1). More caudally the sections of the rhombencephalon should be parallel to the first mesencephalic section. More rostrally the knife should go, parallel to the first section in the mid-brain, dorsally through the colliculus inferior and ventrally through the oculomotor nerve (III). In the diencephalon, however, according to the flexion of the cerebro-spinal axis, the sections should gradually become perpendicular to the axis of Forel. Following this method true transverse sections will be obtained instead of the oblique slides often reproduced in atlases of the animal brain.

Regarding the histological technique, the whole brain is cut into fragments parallel to the leading plane as mentioned above.

Each fragment is then embedded in celloidine and cut in a regular series of slides. The thickness of a slide may amount to 30–40 μ. Every 5th section is put aside for staining of the myelin fibres after the method of Loyez (1910) improved by Weil (1928) and every 6th section for the staining of the cells with toluidine blue according to Nissl, or cresyl violet. Our original slides have been reproduced photographically, being magnified 4–5 times.

Suitable for experimental work, teaching or publication, is a set of three handy plates containing each 6–8 microphotographs: I: rhinencephalon and diencephalon; II: diencephalon and mesencephalon; III: rhombencephalon. It is very useful to have in the atlas as many planes of section as possible for the plotting of the points that have been stimulated or coagulated. These points may be marked on the plates with coloured ink. As regards the choice of representative levels, we reproduced the slides presenting the most important nuclei, such as for instance the nuclei of the motor cranial nerves.

The atlas must provide means of rapid and exact identification of the different bundles and nuclei. With this aim in view, we adopted adequate anatomical abbreviations of the various structures. We were aided by the works previously mentioned, and by atlases on the human brain (Villiger-Ludwig, Ranson,

Pollak, Spatz, Marburg, Clara, Riley). We are also much indebted to Miss Bucher and to Mr. G. Sander for their aid.

We made it a point to choose a terminology comprehensible to as many people as possible and therefore used the latin terminology. The nomenclature was alphabetically arranged after the Nomina Anatomica 1895 (B. N. A.), supplemented by those of 1935 (Kopsch, 1941) and those of the text-book by Clara (1942).

Atlas topographique du tronc cérébral du chat et du singe (Macacus rhesus).

Alors que l'on dispose de nombreux atlas du cerveau du chat (Winkler et Potter (1914), Papez (1929), Hess (1932, 1937), Ingram, Hannett et Ranson (1932), Monnier (1943) il n'existe, à notre connaissance, qu'un seul atlas pratique du tronc cérébral du singe. Il s'agit de celui publié par Atlas et Ingram (1937), dont les figures reproduisent des coupes vertico-frontales effectuées sur le plan de l'appareil stéréotactique de Horsley et Clarke. Les autres publications relatives à la topographie du tronc cérébral chez le singe traitent de régions spéciales, telles que le diencéphale. Dans d'autres cas, il s'agit de grands atlas ou de publications difficilement accessibles: Vogt (1902, 1904), Retzius (1906), Clark and Henderson (1920), Geist (1930), Grünthal (1931), Mettler (1933), Aronson et Papez (1934), le Gros Clark et Boggon (1935), Crouch (1934). Quoiqu'il en soit il n'existe pas d'arlas pratique reproduisant des coupes transversales du tronc cérébral du singe macaque. C'est la raison pour laquelle nous avions entrepris avec G. Sander la publication d'un atlas du cerveau du singe, analogue à celui publié antérieurement pour le chat (Monnier et Sander 1947).

Si l'on passe en revue les publications neurologiques des 20 dernières années, on constate que les embryologistes (Herrick, Windle), les anatomistes (Winkler et Potter, Tandler, Brun, Benninghoff, Ranson, Clara, C. et O. Vogt), ainsi que les spécialistes d'anatomie comparée (Papez, Kappers, Huber et Crosby) ont basé la plupart de leurs travaux sur l'étude de coupes transversales du cerveau. Dans leur ,,Handbuch der Neurologie", Bumke et Foerster (1935) ont reproduit surtout des sections transversales; Müller et Spatz (1926) en ont fait de même dans »Icones Neurologicae«. Spatz (1935), suivant la tradition de l'école de Spielmeyer, a souligné l'avantage des sections transversales et décrit la méthode la plus adéquate pour les effectuer. On sait que, chez les Primates, l'axe du tronc cérébral s'incurve presque à angle droit entre le mésencéphale et le diencéphale. Alors que l'axe du mésencéphale (axe de Meynert) a encore une orientation presque verticale, comme celui du rhombencéphale et de moelle, celui du diencéphale (axe de Forel) a, au contraire, une orientation presque horizontale, comme celui du cerveau antérieur. Les coupes sagittales du cerveau de chat (Fig. 1) et de singe (Fig. 2) confirment ces faits; l'axe cérébrospinal apparaît incurvé surtout dans la région du mésencéphale. Il s'ensuit que les sections frontales effectuées dans le rhombencéphale, sur un plan parallèle à celles du diencéphale, ne sont plus perpendiculaires à l'axe cérébro-spinal, mais obliques. Pour la même raison, les sections frontales du prosencéphale et du diencéphale effectuées sous la même incidence que celles des électrodes verticales de l'appareil de Horsley et Clarke ont un aspect transversal dans la région du diencéphale, mais oblique dans le mésencéphale et le rhombencéphale.

Pour obtenir des sections transversales pures, perpendiculaires à l'axe de Meynert, la première coupe doit passer, selon Spatz (1935), par le bord postérieur des tubercules quadrijumeaux inférieurs (dorsalement) et par le bord antérieur du pont (ventralement; Fig. 1). Dans les segments plus caudaux, les sections du rhombencéphale doivent rester parallèles à cette première coupe. Dans les segments plus rostraux, la lame du couteau doit avoir également une orientation parallèle à celle de la premiére coupe et passer, dorsalement, par les tubercules quadrijumeaux inférieurs, et ventralement, par le nerf oculo-moteur. Dans le diencéphale, si l'on prend en considération l'incurvation de l'axe cérébro-spinal, on veillera à ce que les sections deviennent graduellement perpendiculaires à l'axe de Forel. Si l'on tient compte de ces indications, on obtient facilement des sections transversales pures, au lieu des sections obliques si souvent reproduites dans les atlas du cerveau de l'homme ou de l'animal.

Pour ce qui concerne la *technique histologique*, on s'efforcera de couper le cerveau en fragments parallèles à celui de la section initiale précédemment décrite. Chaque fragment est ensuite inclus à la celloidine et coupé en série. L'épaisseur de chaque coupe ne doit pas dépasser 30 à 40 μ. Une coupe sur 5 est prélevée pour la coloration des fibres myéliniques selon la méthode de Loyez (1910), perfectionnée par Weil (1928), et une autre coupe, pour la coloration des cellules nerveuses au bleu de toluidine (Nissl) ou au violet de crésyl.

Pour les recherches expérimentales, l'enseignement ou les publications scientifiques, il y a intérêt à se servir d'une série de 3 planches pratiques, contenant chacune 6 à 8 microphotographies: I. Rhinencéphale et diencéphale; II. Diencéphale et mésencéphale; III. Rhombencéphale. A cette fin, nous avons reproduit photographiquement les coupes de notre collection originale, en les agrandissant 4 à 5 fois environ. Il est utile que les planches de l'atlas contiennent autant de niveaux de coupes que possible et qu'elles soient doublées de diagrammes calqués sur les figures originales; on peut alors y reporter aisément, à l'encre, les points explorés bio-électriquement, stimulés ou coagulés. Nous avons choisi pour les planches de notre atlas les coupes les plus typiques, celles qui contiennent les structures nucléaires les plus importantes, les noyaux des nerfs moteurs craniens, par exemple.

L'atlas doit permettre, enfin, une identification rapide et exacte des différents faisceaux ou noyaux. A cette fin, nous avons désigné les principales structures de nos coupes à l'aide d'abréviations anatomiques adéquates. Les ouvrages mentionnés précédemment, ainsi que les atlas d'anatomie du cerveau humain de Villiger-Ludwig, Ranson, Pollak, Spatz, Marburg, Clara et Riley nous ont été d'une grande utilité pour ce travail d'identification et de nomenclature. Nous avons été aidé également dans cette tâche par notre collaborateur George Sander et par Mlle V. Bucher, que nous remercions vivement ici. Nous nous sommes efforcé d'adopter une terminologie aussi internationale que possible et avons choisi, pour cette raison, une nomenclature latine, groupée par ordre alphabétique, conforme aux données de Nomina Anatomica 1895 (B. N. A.), revue et complétée en 1935 (cf. Kopsch 1941). Le traité de Clara sur le système nerveux de l'homme (1942) nous a également été fort utile à ce point de vue.

Bibliographie.

ARONSON, L. R. and J. W. PAPEZ: Thalamic nuclei of Pithecus (Macacus rhesus). II. Dorsal thalamus. Arch. Neur. (Am.) **32**, 27 (1934).

ATLAS, D. H. and W. R. INGRAM: Topography of the brainstem of the rhesus monkey with special reference to the diencephalon. J. Comp. Neur. (Am.) **66**, 263 (1937).

BUMKE, O. und O. FOERSTER: Handbuch der Neurologie, Bd. I, Anatomie. Berlin: J. Springer. 1935.

BÜRGI, S. und M. MONNIER: Motorische Erscheinungen bei Reizung und Ausschaltung der Substantia reticularis pontis. Helv. Physiol. Acta **1**, 489 (1943).

CLARA, M.: Das Nervensystem des Menschen. Leipzig: Ambrosius Barth. 1942.

CLARK, R. H. and E. E. HENDERSON: Atlas of the Frontal Sections of the Cranium and Brain of the Rhesus Monkey. Bull. Hopkins Hosp., Baltim. (1920).

CLARK, W. E. LE GROS and R. H. BOGGON: The thalamic connections of the parietal and frontal lobes of the brain in the monkey. Philos. Trans. Roy. Soc. London, Ser. B **224**, 313 (1935).

CROUCH, R. L.: The nuclear configuration of the thalamus of Macacus rhesus. J. Comp. Neur. (Am.) **59**, 451 (1934).

GEIST, F. D.: The Brain of the Rhesus Monkey. J. Comp. Neur. (Am.) **50**, 333 (1930).

GRÜNTHAL, E.: Cell structure in the hypothalamus of rabbits and Macacus rhesus. J. Psychol. u. Neur. **42**, 425 (1931).

HESS, W. R.: Die Methodik der lokalisierten Reizung und Ausschaltung subkortikaler Hirnabschnitte. Leipzig: Georg Thieme. 1932.

— Photogramm-Atlanten (Faser- und Zellfärbung) von Stammganglien und Zwischenhirn der Katze. Technische Ausführung: Photograph. Institut der eidgenössischen Techn. Hochschule Zürich. 1937. Numerierte Exemplare.

INGRAM, W. R., F. I. HANNETT and S. W. RANSON: The topography of the nuclei of the diencephalon of the cat. J. Comp. Neur. (Am.) **55**, 333 (1932).

INGRAM, W. R., S. W. RANSON, F. I. HANNETT, F. R. ZEISS and R. TERWILLIGER: Results of stimulation of the tegmentum with the HORSLEY-CLARKE stereotaxic apparatus. Arch. Neurol. and Psychiat **28**, 513 (1932).

KOPSCH, F.: Die Nomina anatomica des Jahres 1895 (B. N. A.), gegenübergestellt den Nomina anatomica des Jahres 1935 (I. N. A.). Leipzig: Georg Thieme. 1941.

LOYEZ: Coloration des fibres nerveuses par la méthode à l'hématoxyline au fer après inclusion à la celloïdine. C. r. Soc. Biol. (1910).

MARBURG, O.: Mikroskopisch-Topographischer Atlas des menschlichen Zentralnervensystems. Leipzig und Wien: Franz Deuticke. 1927.

METTLER, F. A.: Brain of Pithecus Rhesus (M. Rhesus). Fiber Connections of the Cortex of Pithecus Rhesus. Amer. J. Physiol. Anthrop. **17**, 309 (1933).

MONNIER, M.: Physiologie des formations réticulées. Rev. Neurol. **69**, 273; 517; 692; 751; **70**, 521 (1938); **71**, 753 (1939).

— Les centres bulbaires de la régulation posturale des mouvements respiratoires chez le chat. Arch. Intern. de Physiol. **47**, 133 (1938).

— Les centres végétatifs du tronc cérébral. Arch. Suisses Neurol. et Psychiat. **48**, 272 (1941).

— Syndromes déviationnels provoqués par l'excitation et la destruction du système réticulaire bulbo-protubérantiel chez le chat. Monatschr. Psychiat. und Neurol. **107**, 84 (1943).

MONNIER, M.: Topographische Tafeln des Hirnstammes der Katze für experimental-physiologische Untersuchungen. Helv. Physiol. Acta **1**, 437 (1943).
— Physiologie du tronc cérébral. Le rôle du système réticulaire dans l'organisation de la motricité extra-pyramidale. Ergeb. Physiol. **45**, 321 (1944).
— Les formations réticulées tegmentales. Equilibration des postures du regard, de la tête et du tronc. Rev. Neurol. **78**, 422 (1946).
MONNIER, M. and G. SANDER: A topographical atlas of the brain-stem of the rhesus monkey. Acta Anatomica **3**, 55 (1947).
MÜLLER, F. und H. SPATZ: Icones neurologicae. München: J. F. Lehmann. 1926.
PAPEZ, J. W.: Comparative Neurology. New York: Thomas Y. Crowell. 1929.
RETZIUS, G.: Das Affengehirn in bildlicher Darstellung. Jena: Gustav Fischer. 1906.
SPATZ, H.: Anatomie des Mittelhirns im Handbuch der Neurologie von BUMKE und FOERSTER, Bd. I, S. 478. Berlin: J. Springer. 1935.
VOGT, O.: Neurobiologische Arbeiten, Bd. I und II. Jena: Gustaf Fischer. 1902 und 1904.
WEIL, A.: A rapid method for staining Myelin Sheats. Arch. Neurol. a. Psychiat. (Am.) **20**, 393 (1928).
WINKLER, C. and A. POTTER: An anatomical guide to experimental researches on the rabbit's brain. Amsterdam: W. Versluys. 1911.
— An anatomical guide to experimental researches on the cat's brain. Amsterdam: W. Versluvs. 1914.

Querschnitte durch den Hirnstamm der Katze
Transverse sections through the brain-stem of the cat
Coupes transversales du tronc cérébral chez le chat

(Mikrophotographien und Schemata)

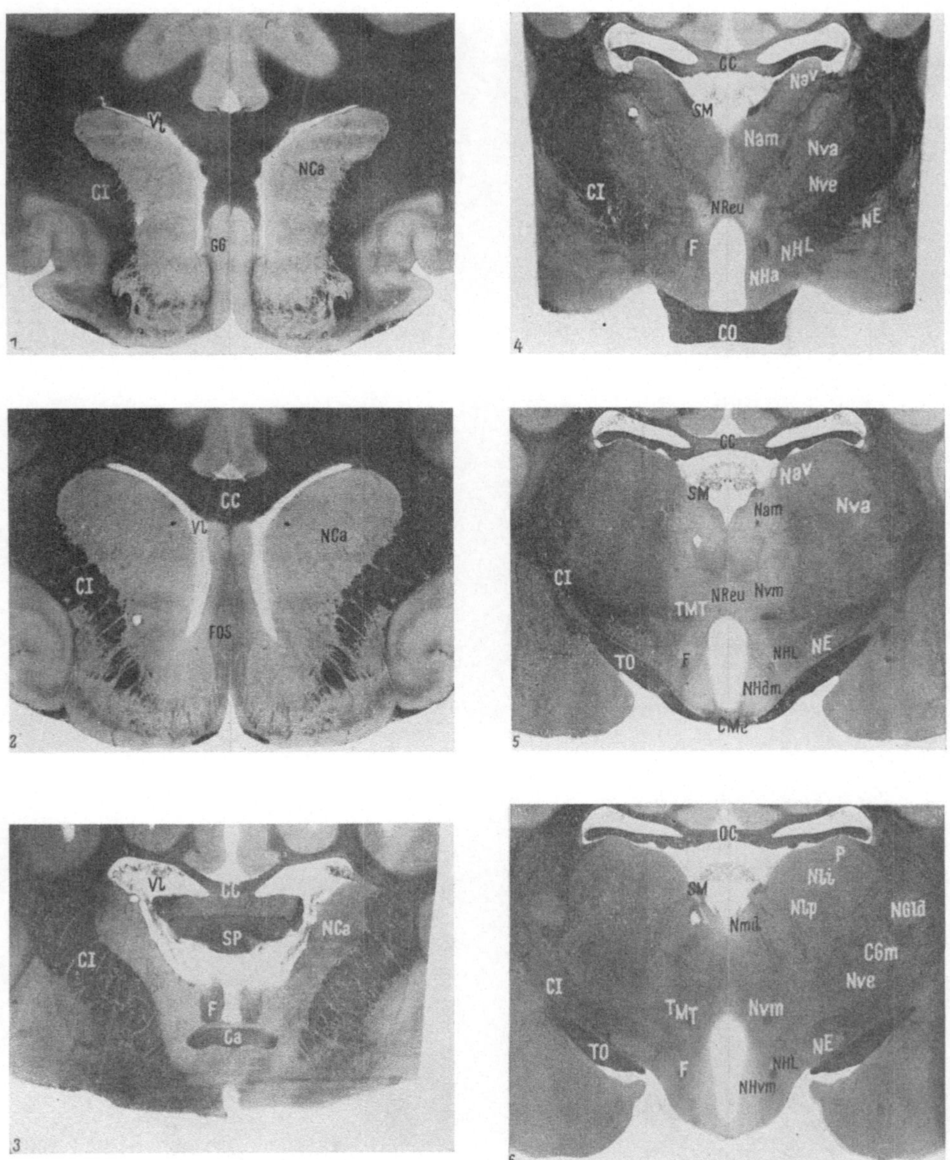

Tafel I. Querschnitte durch das Rhinencephalon und Diencephalon der Katze. Färbung nach LOYEZ-WEIL (Mikrophotographien).

Plate I. Transverse sections through the rhinencephalon and diencephalon of the cat. LOYEZ-WEIL stain (microphotographs).

Planche I. Coupes transversales du rhinencéphale et diencéphale chez le chat. Coloration selon LOYEZ-WEIL (microphotographies).

1. ***Rhinencephalon*** through Gyrus genualis (GG) and Tractus olfactorius. 2. ***Rhinencephalon*** through Gyrus subcallosus (Fibrae olfacto-septales, FOS). 3. ***Rhinencephalon*** through Commissura anterior (Ca). 4. ***Diencephalon*** through Nucleus hypothalamicus anterior (NHa) and Chiasma opticum (CO). 5. ***Diencephalon*** through Nucleus hypothalamicus dorso-medialis (NHdm) and Commissura dorsalis Meynerti (CMe). 6. ***Diencephalon*** through Nucleus hypothalamicus ventro-medialis (NHvm).

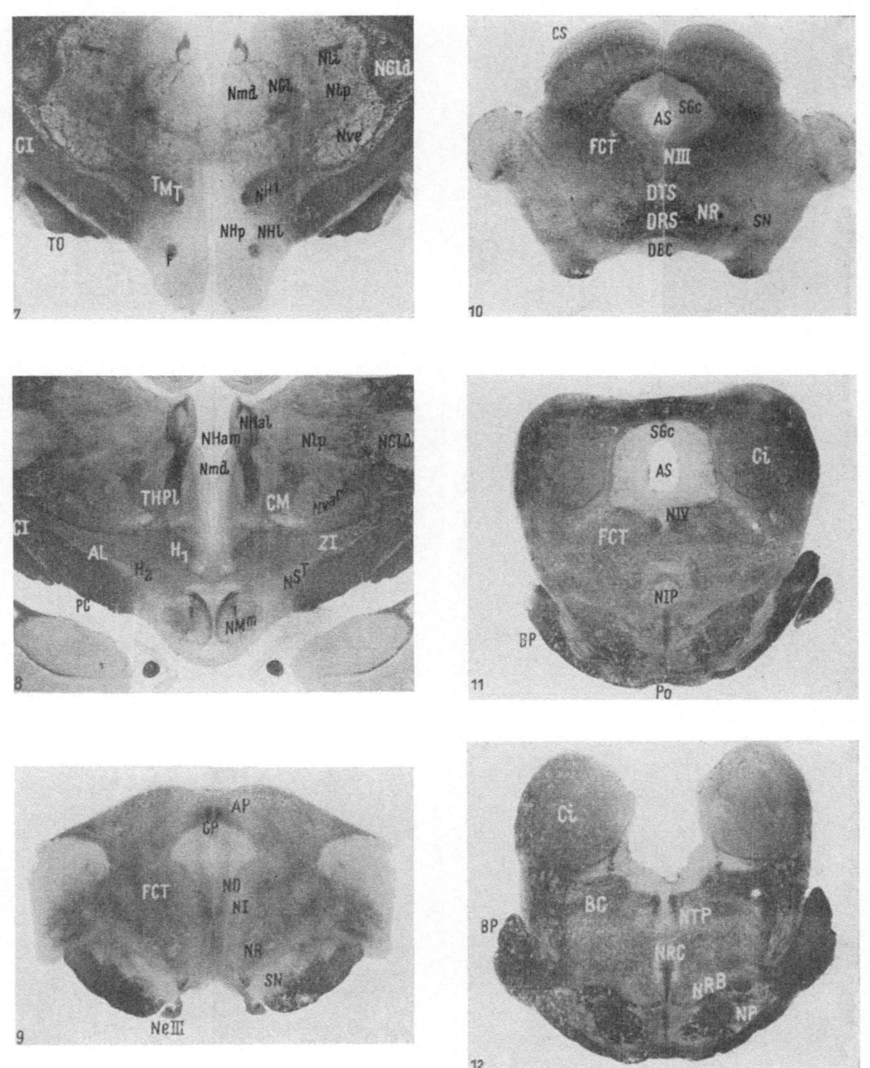

Tafel II. Querschnitte durch das Diencephalon und Mesencephalon der Katze. Färbung nach Loyez-Weil (Mikrophotographien).

Plate II. Transverse sections through the diencephalon and mesencephalon of the cat. Loyez-Weil stain (microphotographs).

Planche II. Coupes transversales du diencéphale et du mésencéphale chez le chat. Coloration selon Loyez-Weil (microphotographies).

7. *Diencephalon* through Nucleus hypothalamicus posterior (NHp). 8. *Diencephalon* through Nuclei habenulae (NHam, NHal) and Nucleus mamillaris (NMm). 9. *Meso-diencephalon* through Commissura posterior (Cp). 10. *Mesencephalon* through Colliculi superiores (Cs) and Nucleus nervi oculomotorii (N. III). 11. *Mesencephalon* through Colliculi inferiores (Ci) and Nucleus nervi trochlearis (N. IV). 12. *Meso-rhombencephalon* through Colliculi inferiores (Ci), Nuclei tegmenti Gudden (NTP, NTS) and Brachium pontis (Bp).

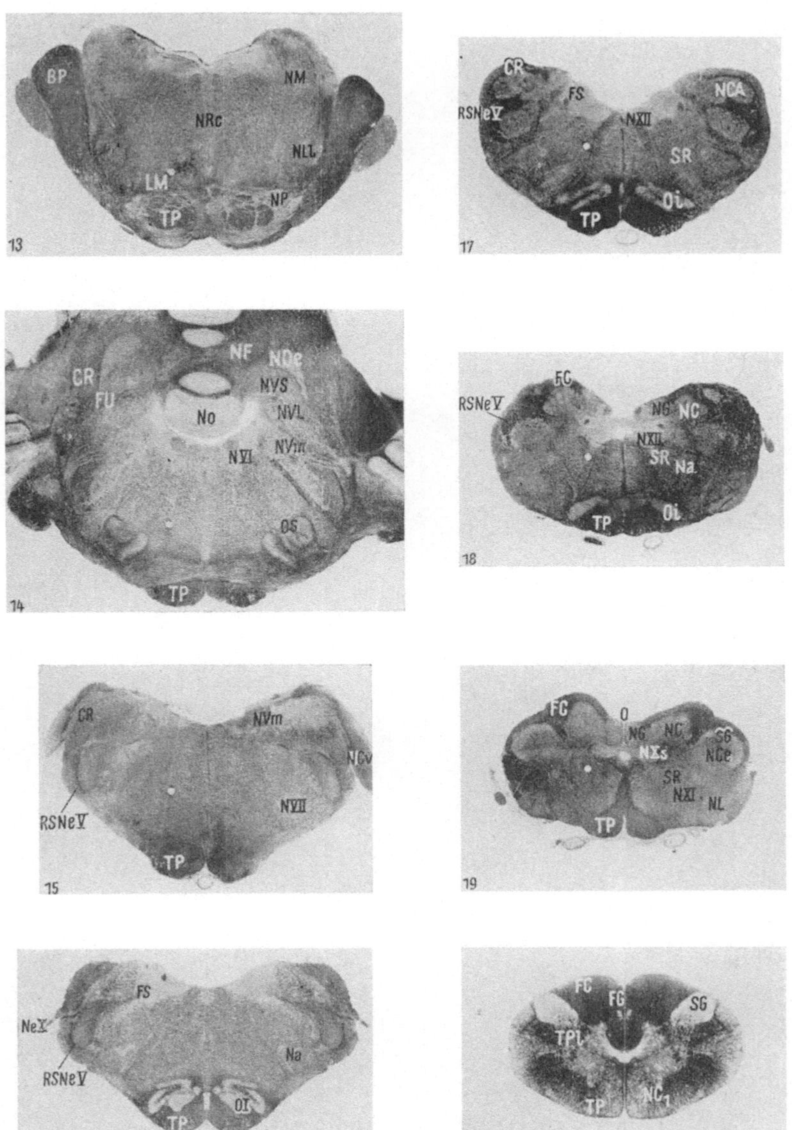

Tafel III. Querschnitte durch das Rhombencephalon der Katze. Färbung nach Loyez-Weil (Mikrophotographien).

Plate III. Transverse sections through the rhombencephalon of the cat. Loyez-Weil stain (microphotographs).

Planche III. Coupes transversales du rhombencéphale chez le chat. Coloration selon Loyez-Weil (microphotographies).

13. *Metencephalon* (Pons) through Nucleus nervi trigemini motor. (NM = Nucleus masticatorius) and Brachium pontis (Bp). 14. *Metencephalon* through Nucleus nervi abducentis (N VI) and Nucleus olivaris super. (OS). 15. *Myelencephalon* (Medulla oblongata) through Nucleus nervi facialis (N. VII). 16. *Myelencephalon* through the middle of Nucleus olivaris inferior (Oi). 17. *Myelencephalon* through Nucleus nervi hypoglossi (N. XII). 18. *Myelencephalon* just above the Obex. 19. *Myelencephalon* through the Obex (O), behind Nucleus olivaris infer. 20. *Myelencephalon* through Nucleus nervi accessorii (N. XI) and Nucleus nervi cervicalis primus (N. C 1).

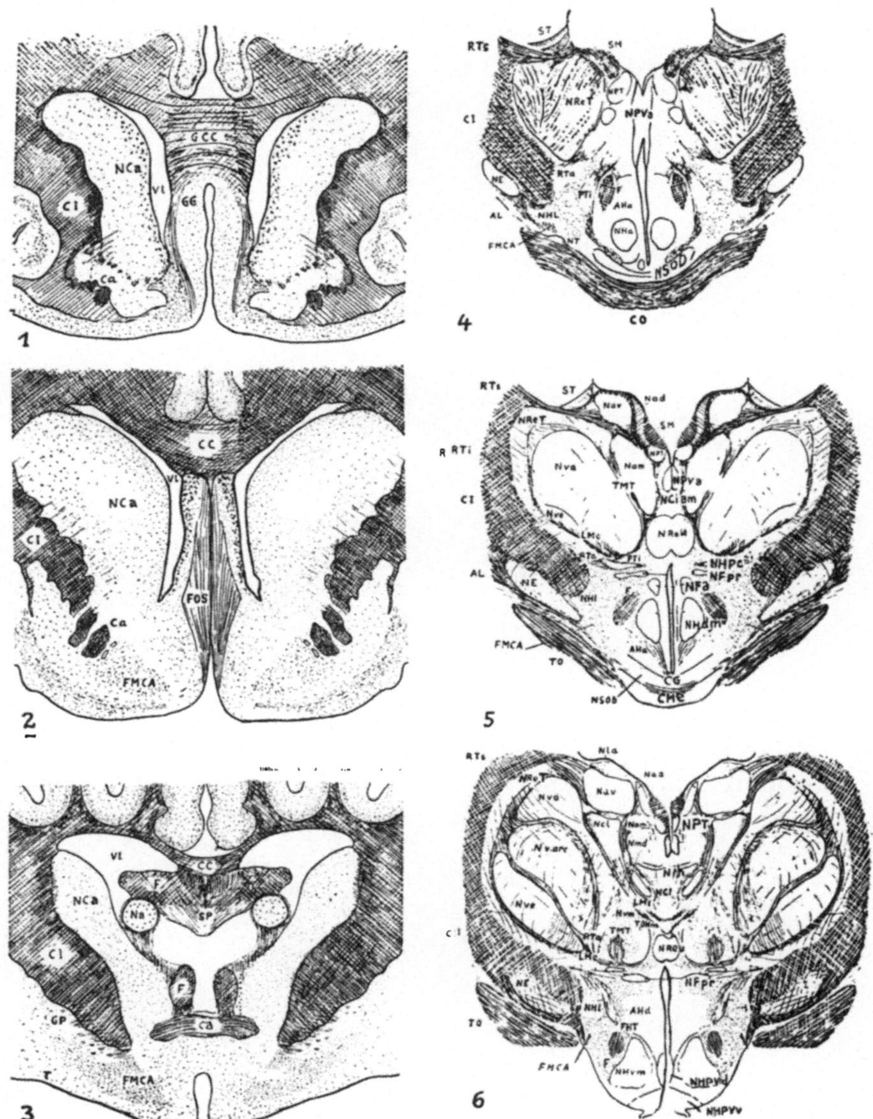

Tafel Ia. Querschnitte durch das Rhinencephalon und Diencephalon der Katze (halbschematische Tuschezeichnungen).

Plate Ia. Transverse sections through the rhinencephalon and diencephalon of the cat (diagrams).

Planche Ia. Coupes transversales du rhinencéphale et du diencéphale chez le chat (diagrammes).

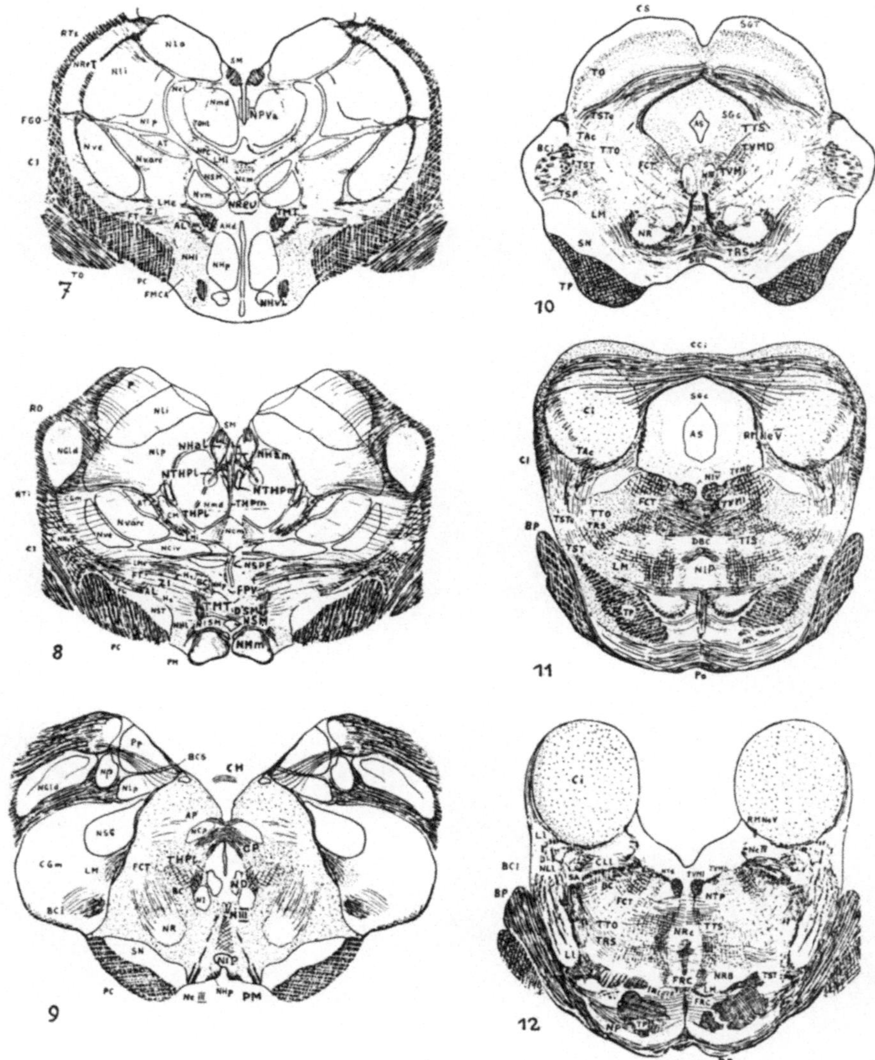

Tafel II a. Querschnitte durch das Diencephalon und Mesencephalon der Katze (halbschematische Tuschezeichnungen).

Plate II a. Transverse sections through the diencephalon and mesencephalon of the cat (diagrams).

Planche II a. Coupes transversales du diencéphale et du mésencéphale chez le chat (diagrammes).

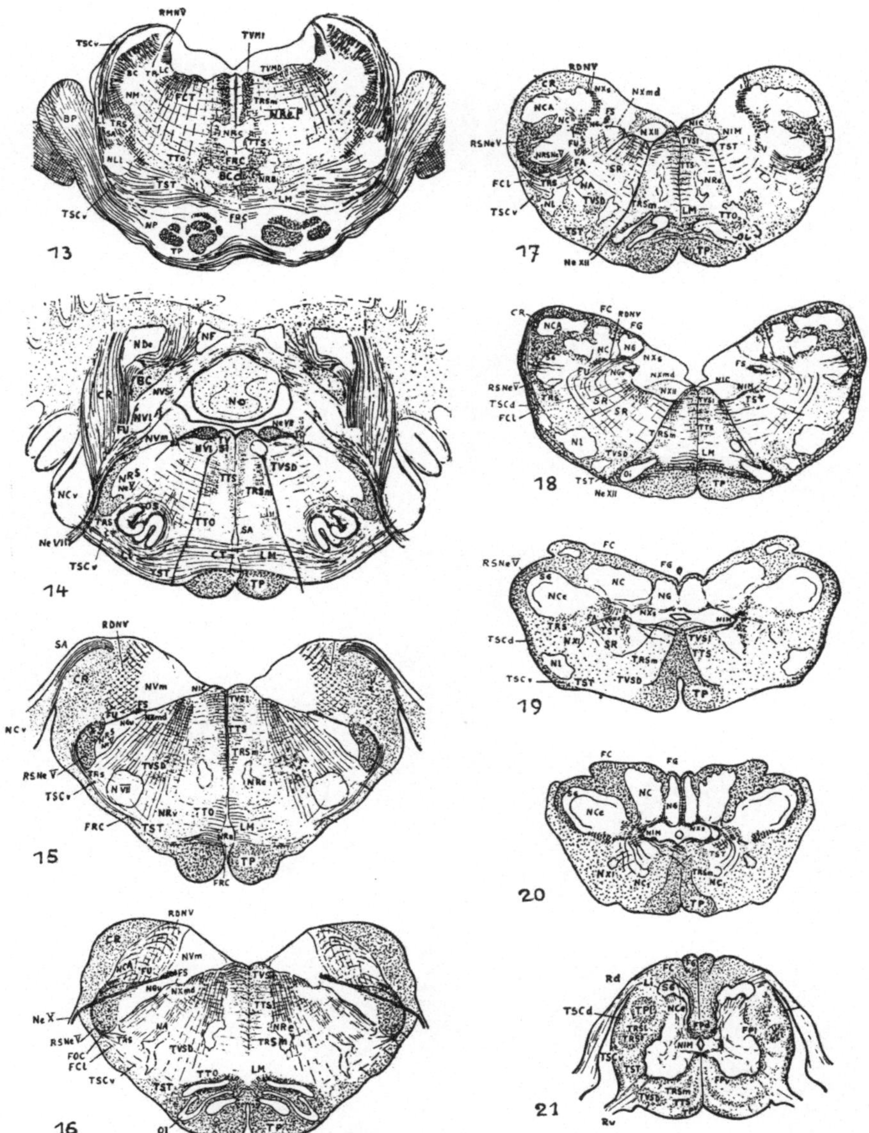

Tafel IIIa. Querschnitte durch das Rhombencephalon der Katze (halbschematische Zeichnungen).

Plate IIIa. Transverse sections through the rhombencephalon of the cat (diagrams).

Planche IIIa. Coupes transversales du rhombencéphale chez le chat (diagrammes).

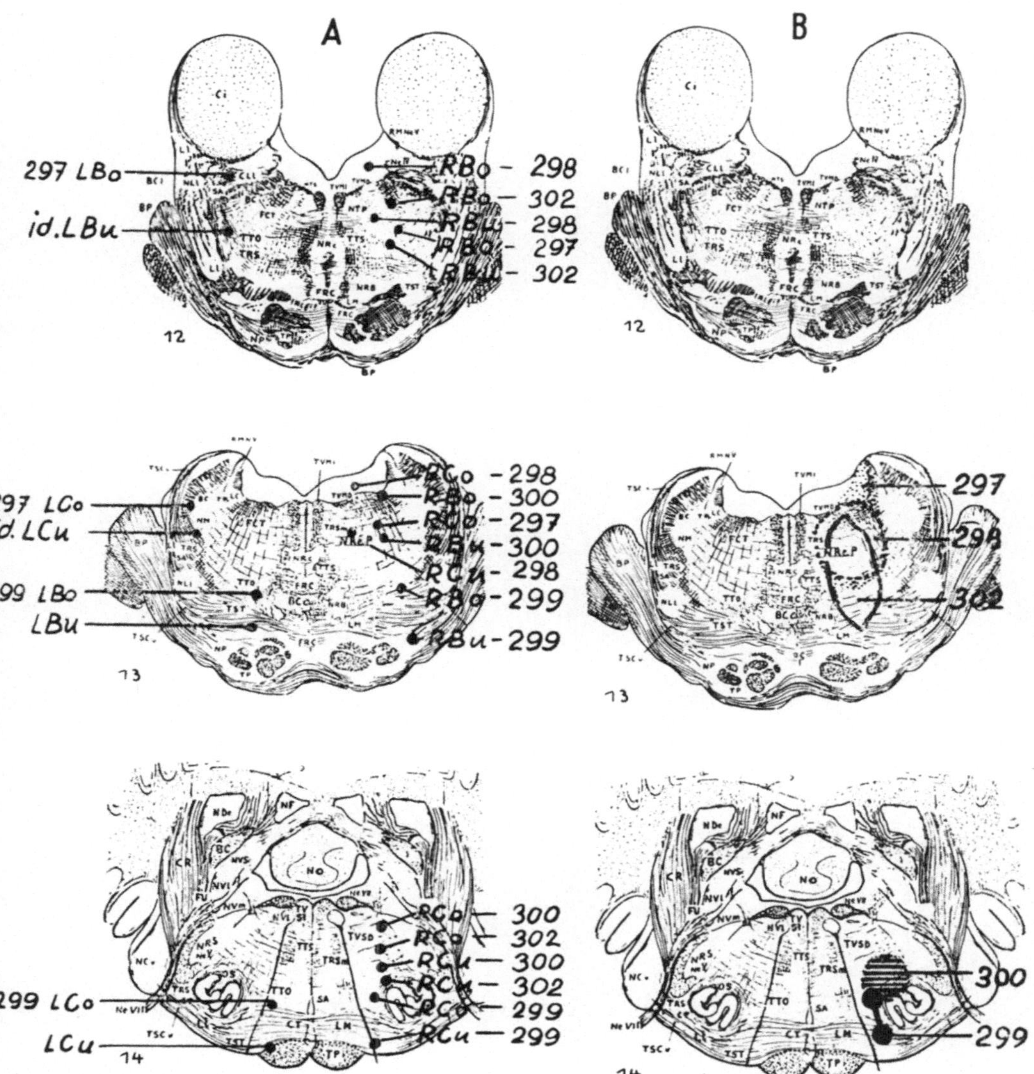

Tafel IV. Lokalisation der Reizpunkte und der Koagulationsherde, aus welchen tegmentale Reaktionen, Manège usw. bei der Katze erzielt wurden (BÜRGI und MONNIER, 1943).

Plate IV. Plotting of points explored by stimulation or coagulation: tegmental reaction, forced circling in cat (BÜRGI and MONNIER, 1943).

Planche IV. Localisation des points excités et coagulés chez le chat: réaction tegmentale, manège (BÜRGI et MONNIER, 1943).